# BEI GRIN MACHT SICH IHR WISSEN BEZAHLT

- Wir veröffentlichen Ihre Hausarbeit, Bachelor- und Masterarbeit

- Ihr eigenes eBook und Buch - weltweit in allen wichtigen Shops

- Verdienen Sie an jedem Verkauf

Jetzt bei www.GRIN.com hochladen und kostenlos publizieren

**Bibliografische Information der Deutschen Nationalbibliothek:**

Die Deutsche Bibliothek verzeichnet diese Publikation in der Deutschen National-
bibliografie; detaillierte bibliografische Daten sind im Internet über http://dnb.d-
nb.de/ abrufbar.



**Impressum:**

Copyright © 2014 GRIN Verlag, Open Publishing GmbH
Druck und Bindung: Books on Demand GmbH, Norderstedt Germany
ISBN: 978-3-668-20498-0

**Dieses Buch bei GRIN:**

http://www.grin.com/de/e-book/321315/globale-homogenisierung-in-indonesien-
identitaetsverlust-oder-kulturelle

Jannik Müller

# Globale Homogenisierung in Indonesien. Identitätsverlust oder kulturelle Bereicherung?

Institut für Geographie der Justus-Liebig-Universität Gießen

Seminar: Regionale Geographie II (Gruppe B)
Sommersemester 2014

# <u>Globale Homogenisierung</u>

## Identitätsverlust oder kulturelle Bereicherung?

## Am Beispiel Indonesien

**Hausarbeit**

**Verfasst von:**

Name: Jannik Müller

Studiengang: L3

Gießen, 19.08.2014

## I: Inhaltsangabe

Unter Homogenisierung versteht man einen globalen Prozess, der unter anderem zu einer Angleichung der Kultur führt. Anders ausgedrückt ist Homogenisierung die Folge der Globalisierung, bei der die zuvor kulturell differenzierte Welt zu einem globalen Dorf fusioniert. Laut den Anhängern der Homogenisierungsthese laufen die Kulturen Gefahr, ihre Identität zu verlieren. Die Kulturen würden zu einer globalen Weltkultur unter Vorherrschaft der amerikanischen Konsumkultur verschmelzen.

## I: Abstract

Homogenization is the global process which leads, among the rest, to an adjustment of the culture. In other words: homogenization is the result of globalization with which the before culturally differentiated world merges to a global village. According to the followers of the homogenization paradigm the cultures run into danger to lose their cultural identity. The cultures would melt to a global world culture under supremacy of the American consumption culture.

# II: Inhaltsverzeichnis



# II: Abbildungsverzeichnis

# 1) Einleitung

Homogenisierung ist in der Wissenschaft ein häufig diskutierter und sehr umstrittener Begriff. Zu den Befürwortern der Homogenisierungsthese zählen zahlreiche Autoren. So schreibt *Mc Luhan* bereits 1962 von der Aufhebung von Raum und Zeit und beschreibt die Welt als „global village". *Virilio* (1992) greift Luhans These auf und spricht indes sogar vom Ende der Geographie. Ähnlich wie viele andere Autoren übernimmt *Werlen* (1997) den Begriff des globalen Dorfes. Elektronische Medien würden es möglich machen, dass alle Informationen global gleichzeitig erfahren und geteilt werden. Räumliche Differenzierungen werden hierbei jedoch häufig außer Acht gelassen. So schreiben *Sternberg* 1997 und *Milanovic* 2003 von einer zunehmenden ungleichen Verteilung von Einkommen. *Scholz* (2003) sieht indes die wachsende Armut in Afrika als Gegenbeweis zur Homogenisierung. (Vgl. Kessler 2009, 30ff.)

Die Homogenisierungsthese erfährt, wie bereits angeklungen, großen Widerspruch. So wird u.a. kritisiert, dass die Globalisierung und Homogenisierung wirklich global ist und alle Länder in gleichem Maße betrifft. *Scholz* (2000) schreibt beispielsweise hierzu, dass nur ein kleiner Teil der Menschen an der Globalisierung teilnimmt. (Vgl. Kessler 2009, 33) *Dollar und Collier* (2002) beziffern die Anzahl der Menschen, die nicht an Globalisierungsprozessen partizipieren mit ca. 2 Mrd. *Breidenbach und Zukrigl* 1998, Hauser-Schäublin und Braukämper 2002 und Howes 1996 verstehen die Folgen der Globalisierung und der Interaktion von Kulturen weniger als eine Einheitskultur, als eine Entstehung neuer Kulturen. Globale Konsumgüter würden uminterpretiert, neugedeutet und der jeweiligen Kultur angepasst. Diesen Prozess definiert *Ulf Hannerz* (1996) als „Kreolisierung". (Vgl. Mader, Kap.7.1.3.5). [1]

In meiner Hausarbeit zum Thema „Globale Homogenisierung. Identitätsverlust oder kulturelle Bereicherung am Beispiel Indonesien" werde ich zunächst beschreiben, was man unter den Begriffen Kultur und kultureller Identität versteht. Die Begriffsbeschreibung ist notwendig, um zu erörtern, inwiefern sich Globalisierung, Homogenisierung und Kreolisierung auf kulturelle Identitäten auswirken. Ich möchte daher in meiner Hausarbeit die Thesen der Homogenisierung und Kreolisierung gegenüberstellen und miteinander in Beziehung setzten.

Profitieren die Kulturen von der gegenseitigen Beeinflussung der Kulturen und können die kulturellen Identitäten trotz globaler kultureller Einflüsse vor allem aus dem Westen gewahrt werden oder kommt es aufgrund der Vermischung der Kulturen zu einer Kulturschmelze mit dem Ergebnis einer einheitlichen Weltkultur?

Ich werde die Leitfrage zunächst allgemein beantworten und die Theorie im Anschluss beispielhaft am Inselstaat Indonesien anwenden. Wie das Beispiel Indonesien zeigen wird, existieren homogenisierende und heterogenisierende Prozesse parallel und wechselseitig zueinander.

---

[1] Hybridisierung und Kreolisierung werden im Verlauf der Arbeit synonym verwendet

## 2) Thematische Grundlagen

### 2.1) Kulturbegriffe

Etymologisch wird Kultur von dem lateinischen Verb colere abgeleitet. [2] Bis in das 17. Jahrhundert wurde der Begriff Kultur daher in der Regel für landwirtschaftliche Tätigkeiten gebraucht. *Herder* erweiterte den Begriff gegen Ende des 18. Jahrhunderts entscheidend. So versteht er unter Kultur die Lebensweise von Völkern, Nationen und Gemeinschaften. „Jedes nationale Kollektiv" besäße aufgrund historischer Prozesse seine individuelle Kultur. Kulturen würden sich aufgrund externer Faktoren wie Klima und Geographie voneinander unterscheiden, eine Vermischung von Kulturen sieht er als Gefahr für kulturelle Identitäten. (Vgl. Bussink Becking 2013, 76) Noch im heutigen Diskurs basieren die Meinungen auf der These *Herders*. So existiert angelehnt an *Herders* Auffassung, die These der in sich geschlossenen Kulturen. Man versucht dabei die Kultur von einem lokalen Blickwinkel heraus zu verstehen und betont besonders die kulturelle Differenz zu anderen Kulturen. (Vgl. Mader, Kap. 7.1.1) Ziel sei es, die Kultur nach außen hin vor Fremdem zu schützen, abzugrenzen und sich auf seine eigenen Wurzeln zurückzubesinnen. (Vgl. Bathi 2006, 3)

Aufgrund der heutigen vernetzten, globalisierten Welt spielt die Auffassung von Kulturen als geschlossene Systeme in der Wissenschaft jedoch eine untergeordnete Rolle. Kulturen und Lebensstile sind durch die steigende Mobilität immer beweglicher und somit weniger an einen spezifischen Raum gebunden. Im Zuge der Globalisierung haben sich die einzelnen Kulturen als kulturelle Ströme über den gesamten Globus verteilt. (Vgl. Mader, Kap. 7) Weil sich Kulturen stets vermischen und miteinander verbinden, spricht Welsch in diesem Zusammenhang von „Transkulturalität". „Moderne Gesellschaften beinhalten in sich eine Vielzahl unterschiedlicher Lebensweisen und Lebensformen, unterschiedlicher Kulturen; sie sind multikulturell in sich." (Welsch 1999, 47) Kulturen kann man daher im modernen Sinn des Kulturbegriffes als beweglich, heterogen, unabgeschlossen, hybrid und miteinander vernetzt ansehen. [3] Es kommt folglich zu einer sukzessiven Auflösung der kulturellen Grenzen. (Cornely 2009, 8)

### 2.2) Kulturelle Identitäten

Der Begriff kulturelle Identität basiert ursprünglich auf der Vorstellung in sich geschlossener Kulturen. Laut *Bussink Becking* sei die Identität der Kultur bereits gegeben und zeige sich in der Ausübung kultureller Praktiken. Jede Kulturgemeinschaft besäße daher identitätsprägende Merkmale, wie beispielsweise kulturelle Bräuche, Geschichte, Sprache, Religion oder Traditionen. (Vgl. 2013, 79) Im Zuge der modernen Auffassung von Kulturen und aufgrund globalisierender Prozesse, hat sich eine neue Auffassung kultureller Identitäten entwickelt. Laut *Welsch* enden Lebensstile demnach nicht an nationalen Grenzen, sondern können überall auf der Welt auftreten. (Vgl. Cornely 2009, 14). Eine zunehmende Wahlfreiheit ermöglicht es jedem Menschen zwischen verschiedenen Lebensformen seine eigene, individuelle Identität zusammenzustellen. (a.a.O., 15f.) Kulturelle Differenzen im Sinne regional abgegrenzter Kulturräume

---

[2] Übersetzt: pflegen, bebauen
[3] Wird im weiteren Verlauf der Hausarbeit als „moderner Kulturbegriff" bezeichnet.

verschwinden und gleichzeitig entstehen größere Diversitäten innerhalb der Gesellschaftsgruppen. Die Menschen leben tagtäglich mit mehreren parallelen kulturellen Identitäten. So kann man gleichzeitig Deutscher, Fußballer, Liebhaber italienischer Küche, Christ, Kriegsgegner und Tierliebhaber sein. Je nachdem, in welcher Situation man sich befindet, sind bestimmte Identitäten wichtiger als andere. In der Kirche ist meine Identität als Christ entscheidend, auf dem Fußballplatz würde ich mich als Fußballspieler identifizieren. Ein brasilianischer Fußballprofi in einem deutschen Verein hat in der Regel mehr mit einem deutschen Fußballprofi zu tun als mit einem brasilianischen Lehrer, weil die Fußballkultur den Spieler stärker prägt als seine Heimatkultur. Dieses Beispiel zeigt, wie vielfältig und komplex kulturelle Identitäten über den Globus verteilt sind.

Betrachtet man Identitäten unter dem Phänomen der Globalisierung und der Raum-Zeit-Verdichtung, haben sich zwei differente Auffassungen bezüglich der Auswirkungen auf ebendiese etabliert. (Vgl. Bussink Becking 2013, 80) Zum einen die Homogenisierungsthese, bei dem sich kulturelle Identitäten auflösen und zu einer einheitlichen globalen Identität assimilieren. Zum anderen das Konzept der hybriden kulturellen Identität, welches nationale und regionale Grenzen auflöst. Als Folge von kulturellen Verbindungen und Kreuzungen entstehen überall auf der Welt neue Identitäten, die in ihrer Identitätsbestimmung auf verschiedene Traditionen zurückgreifen. (Vgl. Bussink Becking 2013, 82, zitiert nach Hall 1994b, 218) Hybridität kann also insofern als Bereicherung gesehen werden, als dass im Zuge der Globalsierung und der Vermischung von Kulturen neue kulturelle Identitäten entstehen.  (Vgl. Bussink Becking 2013, 83) Im folgenden Abschnitt soll geklärt werden, welches der beiden Konzepte die Effekten auf kulturelle Identitäten am besten beschreibt.

## 3) Kulturelle Globalisierung

Die intensiven globalen Vernetzungen von Lebenswelten durch u.a. Migration, Tourismus, Medien oder Transportwesen implizieren den Eindruck einer schrumpfenden Welt. Mit der Zunahme von Tourismus und Migration kommen die Menschen auch über große Entfernungen miteinander in Kontakt und transportieren ihre kulturellen Ansichten, Sitten und Bräuche über den Globus. (Vgl. Mader, Kap. 7.1.1.3) Ein verbessertes und günstigeres Transportwesen machte es möglich, globale Waren, wie beispielsweise Coca Cola, überall auf der Welt zu konsumieren. (Vgl. Cornely 2009, 21)

## 3.1) Homogenisierung

Ausgehend von diesem Trend der letzten Jahre, hat sich die Theorie der Vermischung aller Kulturen zu einer Weltkultur entwickelt. Noch bis heute herrscht in vielen politischen und ideologischen Lagern die Meinung vor, dass der Strom globaler Konsumgüter zu einer kulturellen Angleichung führt. Dies hat laut Kritikern eine globale kulturelle Verarmung zur Folge. (Vgl. a.a.O., 9) Homogenisierung wird häufig synonym mit Begriffen wie Verwestlichung, Amerikanisierung und Mc Donaldisierung verwendet. Man versteht darunter, dass kulturelle Werte und Praktiken sowie globale Konsumgüter häufig nur in eine Richtung, nämlich aus dem Westen in den Rest der Welt exportiert werden. (Vgl. ebd.) Amerikanisierung ist dabei Teil des Verwestlichungsprozesses und wird ausschließlich im negativen Sinn verwendet. Es bedeutet, dass besonders die amerikanische Konsumkultur schrittweise die lokalen, regionalen Marken verdrängt. (Vgl. Maria Dabringer: Kap. 4.1) Aufgrund der weltweiten Verteilung von Gütern und kulturellen Ideologien würden sich die kulturellen Differenzen zunehmend verringern. Die amerikanische Kulturindustrie würde die Vielfalt an Kulturen überrollen und vereinheitlichen. (Vgl. Glasze und Meyer 2009, 186)

Der Begriff McDonaldisierung steht für Standardisierung und Normierung im Konsumbereich. Er zeigt, wie sich die Prinzipien des Fast-Food Restaurants in allen Teilen der Welt verankern. (Vgl. Cornely, 11) Individuelle Geschmäcker werden ersetzt durch einen vom Produzenten vorgegebenen, einheitlichen Geschmack. Neben den Fast-Food Ketten möchte ich noch die Tourismusbranche als Beispiel für zunehmende Vereinheitlichung nennen. Die Städte kopieren im globalen Wettkampf häufig westliche Freizeitaktivitäten und laufen dabei Gefahr, ihre kulturelle Identität zu verlieren. Ursprüngliche, lokale Attraktionen gingen verloren und würden durch internationale Freizeitangebote verdrängt. (Vgl. Sousa Ribeiro 1998) Exemplarisch kann man globale Hotelketten nennen, die in jedem Land der Welt die gleiche äußere und innere Struktur beibehalten, um dem Gast das Gefühl zu geben, zu Hause zu sein.

Die These der Homogenisierung der kulturellen Identitäten basiert auf dem geschlossenen, traditionellen Kulturbegriff. Kulturen werden als ganzheitliche Einheiten gesehen, die an einen bestimmten Ort gebunden sind. (Vgl. Glasze und Meyer 2009, 187) Als prominenter Vertreter der Kulturkreistheorie ist Samuel Huntington zu nennen, der 1996 mit seinem Aufsatz „Kampf der Kulturen" für großes Aufsehen sorgte. Sein Kulturmodell basierte auf der Auffassung von geschlossenen Kulturkreisen, an deren Grenzen er ein hohes Konfliktpotential voraussagte. Modelle dieser Art, die Kulturen an bestimmte Räume binden, sind allerdings, wie bereits angeklungen, überholt. Historisch gesehen existierten keine homogenen, abgeschotteten Kulturen. Schon seit jeher stehen Gesellschaften in gegenseitigem Kontakt zueinander. Kulturen sind also bereits von Natur aus hybrid. (Vgl. Cornely 2009, 17) Traditionelle Auffassungen von Kultur reichen heute nicht mehr aus, um kulturelle Identitäten ausreichend zu beschreiben. Dies ist einer der Gründe, warum die Homogenisierungsthese zu kurz greift.

## 3.2 Kreolisierung

Die These der Kreolisierung basiert auf dem modernen Kultur- und Identitätsbegriff. Im Gegensatz zur Homogenisierungsthese geht man davon aus, dass sowohl fragmentierende, als auch homogenisierende Prozesse Realität werden. Es sei nicht möglich, globale Konsumgüter in allen Teilen der Welt zu vermarkten, ohne auf die lokalen Bedürfnisse der Menschen einzugehen. Am globalen Markt haben vor allem solche Produkte eine Chance, die auch die lokalen Bedürfnisse der Menschen berücksichtigen. (Vgl. Sousa Ribeiro 1998) Das Beispiel des Musiksenders MTV zeigt, wie das Motto „One World - One Music" fehlschlagen kann. Das einheitliche Programmformat scheiterte schnell und wurde von regionalen Musiksendern abgelöst. MTV hatte es mit ihrem global vermarkteten Produkt nicht geschafft, auf die sprachlichen und kulturellen Eigenschaften der jeweiligen Empfangsregion einzugehen. Der Konzern reagierte darauf mit der Gründung regionaler Sender wie MTV Asia, Phillipina oder Indonesia, um den lokalen kulturellen Bedürfnissen der Konsumenten gerecht zu werden. (Vgl. Cornely 2009, 11) MTV sei hier nur als Beispiel für viele globale, standardisierte Konsumgüter genannt, die sich als Misserfolge herausstellten. Neben den homogenisierenden Prozessen sind also gleichzeitig heterogenisierende Phänomene zu beobachten. Die Begriffe global und lokal müssen sich nicht zwangsweise ausschließen, sondern existieren parallel. (Vgl. a.a.O., 12)

Aber nicht nur auf Produzentenseite findet eine Anpassung an regionale Begebenheiten statt. Das Beispiel MTV hat gezeigt, dass Konsumgüter nicht schlichtweg von den Konsumenten übernommen werden. Die Übernahme fremder Güter ist keine passive Hinnahme, sondern ein aktiver Handlungsprozess. Die Konsumenten übernehmen und kopieren die globalen Produkte nicht schlichtweg, sondern adaptieren die fremden kulturellen Elemente für ihre eigene Lebenswelt. (Vgl. Dabringer, Kap. 4.1) Das Beispiel Inka Cola zeigt, dass Ideologien des Ursprungsproduktes nicht zwangsweise übernommen werden müssen, sie können auch umgedeutet und rekontextualisiert werden. Inka Cola ist die peruanische Alternative zum amerikanischen Vorbild Coca Cola und nationaler Stolz der Peruaner. Die Idee wurde zwar von den Amerikanern übernommen, die Ideologie des Produktes wurde allerdings umgedeutet und der lokalen kulturellen Identität angepasst. (Vgl. Dabringer, Kap. 4.1.2) Durch die spezielle und lokale Adaption von Kulturgütern entwickeln sich neue hybride Formen von Kulturen.

## 3.3 Zwischenfazit

Es lässt sich festhalten, dass sowohl heterogenisierende als auch homogenisierende Prozesse wechselseitig existieren. Der Schein der Homogenität trügt jedoch. Globalisierung führt nicht zu einer Vereinheitlichung der Kulturen, eine Weltkultur ist nicht im Begriff zu entstehen. Produzenten sind mit ihren global vermarkteten Produkten nur dann erfolgreich, wenn sie es schaffen, auch die lokalen kulturellen Identitäten individuell anzusprechen. Gleichzeitig nehmen die Konsumenten Produkte und kulturelle Werte nicht schlichtweg in ihre Weltsicht auf, sondern passen sie an ihre eigene Lebenswelt an. Durch die kulturelle Globalisierung gehen somit keine Kulturen verloren, es entstehen neue hybride kulturelle Identitäten. Man muss jedoch bedenken, dass vor allem die höher entwickelten Länder in der Lage sind, ihre Konsumprodukte, kulturellen Werte und Ideologien global zu vermarkten. Ein ausgeglichener, gleichwertiger Austausch von Kultur findet in der Realität kaum statt.

# 4) Das Beispiel Indonesien

## 4.1) Grundlagen

Indonesien ist mit über 230 Millionen Einwohnern das viertgrößte Land und gleichzeitig die größte Insel der Welt. Es ist geprägt von einer Vielzahl verschiedener Ethnien. Wie Abb. 1 zeigt, vereint und billigt der Vielvölkerstaat alle Weltreligionen. Historisch lag es schon immer im Spannungsfeld großer westlicher und östlicher Kulturen und wurde und wird von ihnen entscheidend beeinflusst. Die indonesische Bevölkerung ist überaus heterogen und unterscheidet sich sowohl in ethnischer und religiöser, als auch in sozialer Herkunft voneinander. (Vgl. David, 8) Aufgrund dieser Vielzahl an Gesellschaftsgruppen, werde ich mich auf den javanisch-muslimischen Teil der Bevölkerung beschränken. Die Javaner sind die größte ethnische Gruppe mit mehr als 40 %, Muslime bilden die religiöse  Mehrzahl mit über 85 %. Diese sogenannte neue indonesische Mittelschicht entstand mit dem Einsetzen des wirtschaftlichen Aufschwungs. Ihr steht ein umfassendes Waren- und Freizeitangebot zur Verfügung. Ihre Mitglieder sind jene, die sich durch ihr Vermögen, ihre Bildung und ihr Konsumverhalten von der unteren Gesellschaftsschicht abzugrenzen versuchen. Dazu zählen u.a. Unternehmer, Intellektuelle, Künstler und Beamte. Der extensive Konsum macht sie zu den Trägern kultureller Identitäten. Ihr Lebensstil gilt als Vorbild und wird von den unteren Gesellschaftsschichten nachgeahmt. (Vgl. Cornely 2009, 32 f.)

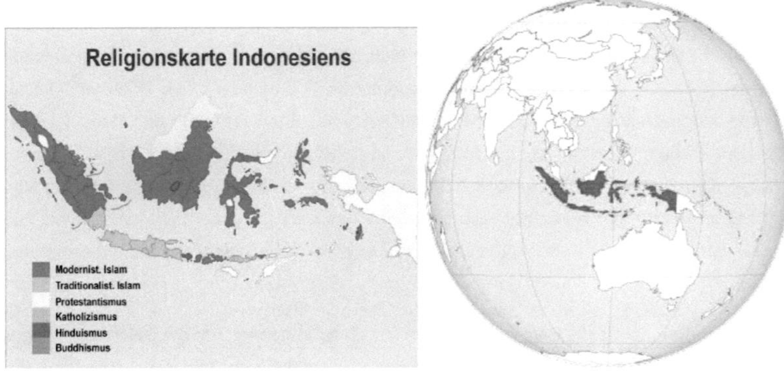


Abbildung 1:                                          Abbildung 2:

## 4.2) Homogenisierungstendenzen

Das Konsumverhalten der modernen Mittelschicht findet Ausdruck in zeitgemäßem Stil und einer abgewandelten, modernen Sprache, die sich in einer Vielzahl Anglizismen niederschlägt. Es ist wichtig, Wohlstand nach außen hin zu zeigen, um sich von der unteren Bevölkerungsschicht abzugrenzen. Als Mittel zur Präsentation des modernen Lebensstils dienen häufig Marken aus dem Westen, die einen hohen Bekanntheitsgrad aufweisen. Neben dem Konsum westlicher Mode steht auch der Kauf technologischer Neuheiten für den Wunsch, an der Globalisierung teilzunehmen. Shopping Malls werden in Entertainment Center umgewandelt und sind Symbol kosmopolitischen und zeitgemäßen Lebensstils. Neben Modeboutiquen decken Fitnessstudios, Kinos, Bars und Clubs die kulturellen Bedürfnisse des indonesischen Mittelstands. In der allgemeinen Beliebtheit der Einkaufzentren zeigt sich eine neue Form der Konsumkultur. Kritikern zufolge führe der zunehmende westliche Einfluss in Indonesien zu einer Homogenisierung und Standardisierung der Kulturen und zu einem Verschwinden lokaler Identitäten. (Vgl. Cornely 2009, 33ff.)

## 4.3) Hybridisierungstendenzen

Neben modernen Lifestyle Erscheinungen nimmt Religion eine bedeutende Rolle im Leben der neuen indonesischen Mittelschicht ein. Religiöse Produkte und Symbole sind zu einem sehr wichtigen Bestandteil des kulturellen Lebens geworden. Das Beispiel Nokia zeigt, dass es sich multinationale Unternehmen zur Aufgabe machen, Produkte speziell für den muslimischen Kundenkreis zu entwerfen. In den Handys ist ein Kompass eingebaut, der es dem Nutzer möglich macht, sich an der Gebetsrichtung Mekka zu orientieren. Dieses Beispiel zeigt, dass global agierende Unternehmen eine beschränkte Homogenisierungsmacht gegenüber Konsumenten besitzen. Konsumenten sind globalen Produkten nicht schutzlos ausgeliefert. Sie können durch ihr Kaufverhalten die Produktion und Vermarktung von Waren entscheidend mitbestimmen. (Vgl. a.a.O., 41f.)

Während in westlichen Ländern häufig die Barbie mit kurzem Rock und knappem Top als Spielobjekt junger Mädchen dient, hat sich in Indonesien eine Plastikpuppe etabliert, die Kopftuch und lange Kleidung trägt. Sie wird im Nahen Osten produziert und ist Beispiel dafür, dass kulturelle Konsumgüter nicht ausschließlich aus dem Westen, speziell aus den USA, übernommen werden müssen. Auch das Beispiel Coca Cola zeigt die Grenzen des Amerikanisierungstrends. So hat sich in Indonesien das lokale Produkt Mecca Cola gegen den amerikanischen multinationalen Kontrahenten durchgesetzt. Der Softdrink schmeckt zwar ähnlich, der Hersteller vertritt jedoch eine andere Philosophie. Man möchte den Muslimen den Genuss von Cola ermöglichen, ohne dabei die amerikanische Kulturdampfwalze zu unterstützen. (Vgl. a.a.O., 43f.)

## 4.4) Fazit

Das Beispiel Indonesien zeigt, dass kulturelle Globalisierung nicht mit einer Verbreitung westlicher Kulturmuster gleichgesetzt werden kann. Zwar existieren Homogenisierungstendenzen, sie bedingen sich jedoch wechselseitig mit Heterogenisierung und Hybridisierung. U.a. das Beispiel Mekka Cola hat gezeigt, dass sich lokale Marken gegen globale, transnationale Konzerne durchsetzten können. Es wurde außerdem deutlich, dass sich die Begriffe global und lokal nicht gegenseitig ausschließen, sondern wechselseitig bedingen. Das Beispiel Indonesien bestätigt, dass Kulturen von der Globalisierung hauptsächlich profitieren, weil sie fremdes Kulturgut an ihr eigenes Weltbild anpassen. Es besteht keine Gefahr einer Angleichung aller Kulturen zu einer homogenen Weltkultur.

## 5) Literaturverzeichnis

BHATTI, A.: (2006): Kulturelle Vielfalt und Homogenisierung. In:
http://www.kakanien.ac.at/beitr/theorie/ABhatti1.pdf (11.08.2014)

BUSSINK BECKING, E. (2013): Identitäten in Bewegung. Ausländische Adoptierte, Rassismus und hybride kulturelle Identität. Georg-August-Universität, Göttingen.

CORNELY, M. (2009): Shopping for Identity. Konsum und Lebensstil vor dem Hintergrund der kulturellen Globalisierung in Indonesien. Grin Verlag, Norderstedt

DABRINGER, M. (o.J.): Konsumption. In:
http://www.univie.ac.at/ksa/elearning/cp/oeku/konsum/konsum-titel.html (11.08.2014)

DAVID, B. (2010):  Kulturschock Indonesien. In:
http://www.onleihe.de/static/content/reiseknowhow/20100119/978-3-8317-1841-2/v978-3-8317-1841-2.pdf
(11.08.2014).

GLASZE, G UND MEYER, A. (2009): Das Konzept der "kulturellen Vielfalt": Protektionismus oder Schutz vor kultureller Homogenisierung? In:
http://geographie.uni-erlangen.de/docs/article/68/ggl_publik_konzeptderkulturellenvielfalt_091209.pdf
(11.08.2014)

KESSLER, J. (2009): Der Mythos vom globalen Dorf: Zur räumlichen Differenzierung des

Globalisierungsniveaus, in: Johannes Kessler und Christian Steiner (Hrsg.): Facetten der Globalisierung.

Zwischen Ökonomie, Politik und Kultur. Wiesbaden 2009, S.28-79.

MADER, E.: (o.J.): Kultur und Sozialantrophologie. Eine Einführung. In:

http://www.lateinamerika-studien.at/content/kultur/ethnologie/ethnologie-307.html (11.08.2014).


SOUSA RIBEIRO, A. (1998): Globalisierung und kulturelle Identität. In:
http://inst.at/trans/5Nr/ribeiro.htm (11.08.2014)

WELSCH, W. (1999): Transkulturalität. Zwischen Globalisierung und Partikularisierung. In: Cesana, Andreas (Hrsg.): Interkulturalität. Grundprobleme der Kulturbegegnung. Mainz, S. 45-72

# BEI GRIN MACHT SICH IHR WISSEN BEZAHLT

- Wir veröffentlichen Ihre Hausarbeit, Bachelor- und Masterarbeit

- Ihr eigenes eBook und Buch - weltweit in allen wichtigen Shops

- Verdienen Sie an jedem Verkauf

Jetzt bei www.GRIN.com hochladen und kostenlos publizieren